目次

關於封面

「器皿與花與料理」
是在熊本市的細川亞衣的料理教室
與坂村的店兩個地方
花了兩天時間拍攝。
器皿是四個古董，
封面是其中一個銀化陶盤。
雖然是中國漢代的盤子，
經年累月之後，綠釉銀化，
產生出複雜之美。
於是日置武晴就以那為焦點。

器與花與料理

細川亞衣　＋　坂村岳志

細川亞衣已經在熊本住了7年。
２０１１年坂村岳志也搬到了熊本。
他關掉了那間在西麻布的古道具兼賣咖啡的人氣店搬家了。
細川亞衣與坂村岳志是同年的老朋友。
他們之前好像聊過
「在同一個器皿裡裝料理或花的話，好像很有趣哪」。
於是在兩人都很喜歡的器皿裡，完成了放上熊本的食材與花材的作品。
器皿都是中國和歐洲的古董。
器皿與花與料理的結合，呈現出前所未有的魅力。

攝影—日置武晴　翻譯—王筱玲

綠釉耳杯

中國漢朝的陪葬品。貴族和有錢人將它當作酒杯來使用。
直徑10×高7.5cm

乳白花缽

義大利南部普利亞的陶器。現代的陶器表面花紋繁複，但古代的樣式卻幾乎都是單色。花瓣形的也很少有。
直徑26×高7cm

銀化陶盤

中國漢代的陪葬品。是用來盛裝小型器皿類的盤子，原本底部有腳。盤子的綠釉銀化了。
直徑38.5×高25cm

白鑞大盤

英國製。庶民用來取代銀製餐具的器皿。這個盤子應該是非常珍惜地使用著，還看得到用金屬補金的痕跡。
直徑29cm

器皿：綠釉耳杯

花材：苔、梅

翠綠色與紅色的小碗湯

花材：古梅木、紫金牛

器皿：乳白花缽

白菜沙拉

器皿：白蠟大盤

花材：石榴、冬薔薇

蔥段鰤魚

器皿：銀化陶盤

花材：散落的山茶花

花柚子果凍

食譜

翠綠色與紅色的小碗湯：綠釉耳杯

■材料

奇異果（熟透）

蔗糖

草莓

■做法

剝掉奇異果的皮，把中間的芯去掉，將果肉放進缽裡磨。

加入蔗糖，調整為剛剛好的甜味。

盛入盤裡。

去掉草莓的蒂，放進缽裡磨。在奇異果湯汁的上面加入一半的草莓湯汁。

白菜沙拉：乳白花缽

■材料

白菜

荏胡麻油

粗鹽

醋

■做法

剝掉白菜外側較老的葉子。取中間柔軟的部分，依照纖維的方向垂直切細絲。

拌入荏胡麻油、醋和粗鹽後拌勻。

蔥段鰤魚：白蠟大盤

■材料（4人份）

鰤魚（魚塊）	切4塊
鹽	適量
蔥	2根
山椒胡椒或柚子胡椒	少許
醋	少許
蘿蔔泥	適量
柚子汁	適量

■做法

將鰤魚兩面抹鹽。

把蔥白與蔥綠分開。

在燒熱的網子上面放上蔥白，烤出焦色。蔥綠的部分斜切薄片，然後烤好的蔥白也斜切後，撒上山椒胡椒或柚子胡椒，淋上醋。

繼續將鰤魚放在網子上面烤至微焦。

將熱呼呼的鰤魚盛在盤子裡，擺上蔥段即可。

*將柚子汁淋在蘿蔔泥上，一起盛盤。

花柚子果凍：銀化陶盤

■材料（4～6人份）

花柚子	200g
花柚子汁	適量
砂糖	100g
果汁	200g
吉利丁片	2.5g
黃色的柑橘果實（柑橘、大橘、文旦、晚白柚等）	200g

■做法

花柚子切薄片拌砂糖，放置一晚後，將出水濾出。

挖掉盛盤用的花柚子果肉，將果肉另外榨汁。將砂糖醃製的出水加入果汁量出200g。

在冷水裡泡開吉利丁。

把果汁放進鍋中，開中小火，稍微滾的時候就關火。濾掉吉利丁的水之後，放入鍋裡溶解。

然後過濾到大碗中，一邊用冰水冰鎮一邊攪拌。

將切小塊的黃色柑橘果肉加入後繼續攪拌，大碗的底部變冷之後，就放入冰箱凝結。

攪拌果凍後裝進盛盤用的花柚子裡。

器之履歷書⑩

三谷龍二（木工設計師）

Reed

文・攝影—三谷龍二　翻譯—王淑儀

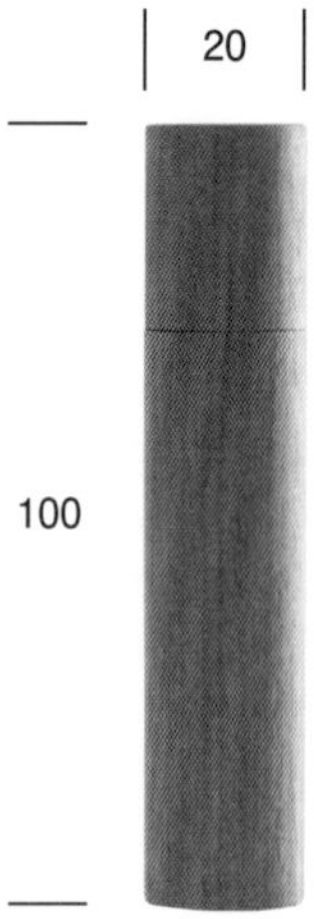

材質→山櫻木　塗裝→上油

所使用的香是「古樂器的十二月」系列中的「Busine」，是一種長直管的小號。

「Reed」是一種生長在水邊溼地的高大植物，即蘆竹。將蘆竹的莖切下可做成笛子，因為這個香筒的形狀與那近似，因而取名為「Reed」。

將幾支不同長短的蘆笛連成一排，即是牧神潘所吹奏的「潘笛」（Pan flute，又稱排笛）。此外，單簧管、薩克斯風等又被稱為簧樂器，是因為它們都使用了以蘆竹削薄製成的簧片，裝置在樂器吹口，以吹氣振動簧片而發聲的樂器。如此一想，蘆竹是一種與樂器有著深切關係的植物。

我初次接觸到薰香是在京都的這家香鋪「Lisn」，朋友將我介紹給對方，因此聊到要一起合作。在那之前我對於香道的世界一無所知，聽了對方的介紹才知道原來傳統的香道是連結了香氣與文學，從香氣引發的想像來創作和歌吟詠、遊玩等，真是十分有趣。

因此我們的企畫是將香道從目前現有的狀況之中解放、重新建構，將薰香與影像做聯結。在我們東聊西聊之中，還浮現了一個關鍵字，即中世紀的古樂器，於是決定從古樂器中選出十二種，以此為題，每月選出一種香氣與影像。我負責製作演奏樂器的雕塑，並且拍照製作成卡片，而Lisn則同樣地依每個月的題目調出香味，兩者合併即成為「古樂器的十二個月」系列，進行為期一年的企畫。

維奧爾琴（viola da gamba，又稱古提琴）、魯特琴（Lute）、排笛……每個月我都與調香師一起討論這些古樂器的形象，再分頭進行卡片製作與調香，如此持續一年，在整個系列完成的十二月裡，我們將卡片上的立體雕塑展出，讓客人可以觀賞其實體，在展覽開幕當天還同時有古樂器的演奏會。這一年，我被包圍在音樂與香氣的想像之中，度過幸福的時光。

因為這個企畫，我也製作了一款薰香使用的道具。最初製作的是極小的香盒，使用的是會沉到水底的沉重木材如紫檀、鐵刀木、花梨木等。

製作香立時，下了幾道小工夫。首先是線香直直插著時，會讓人聯想到在祭拜，因此將裡面的金屬零件調得鬆些，讓線香插立時會自然傾斜；又用久了會有油脂附著在零件上、燃燒產生的灰燼會塞住，即設計可從另一方向拿針狀物通過，便可將裡面的灰燼清除。（這是Lisn給的建議）

Reed是在之後誕生的。為了要保護容易折損的線香，想要有個盒子可以存放，且同時這個盒子也有香立的作用，如此一來走到哪都可以輕鬆使用薰香。以原木製作，具有耐久性，放在包包裡隨身攜帶，木頭會漸漸產生出自然的光澤。

Reed不僅在店面使用好，放在家裡也不錯，即使是出門旅行也能帶著，因為它很輕巧便利。到國外旅行時，我們常會碰到旅館的房間有洗衣精的味道或是香菸、食物氣味的殘留，因為有過這樣的經驗，才想到要有這樣方便好用的香盒兼香立。有了自己喜歡的薰香來淨化房間，可以穩定心情，同時也可以消除那走在未知的街道上的緊張感，令人沉靜。

特集

神保町的咖啡店

神保町是書店和古書店（二手書店）的聚集地。
也許是這個緣故，附近也有很多咖啡店。
和其他地方比起來，這裡的咖啡店密度相當高。
鈴蘭通上有「Sabor」、「Milonga」等
經常被介紹的咖啡店比鄰。
這次要介紹的是《日日》編輯部附近，
白山通和御茶水台地間的狹小區域。
依照想一個人放鬆、轉換心情，
或是能替代會議室來討論事情等不同目的，
介紹人氣咖啡店。

文—高橋良枝　攝影—公文美和　翻譯—李韻柔

② Creole

ⓓ 喫茶 潤

錦華公園

ⓕ PIANO FORTE

① Cafe de Primavera

ⓔ L

ⓖ 咖啡舍 藏

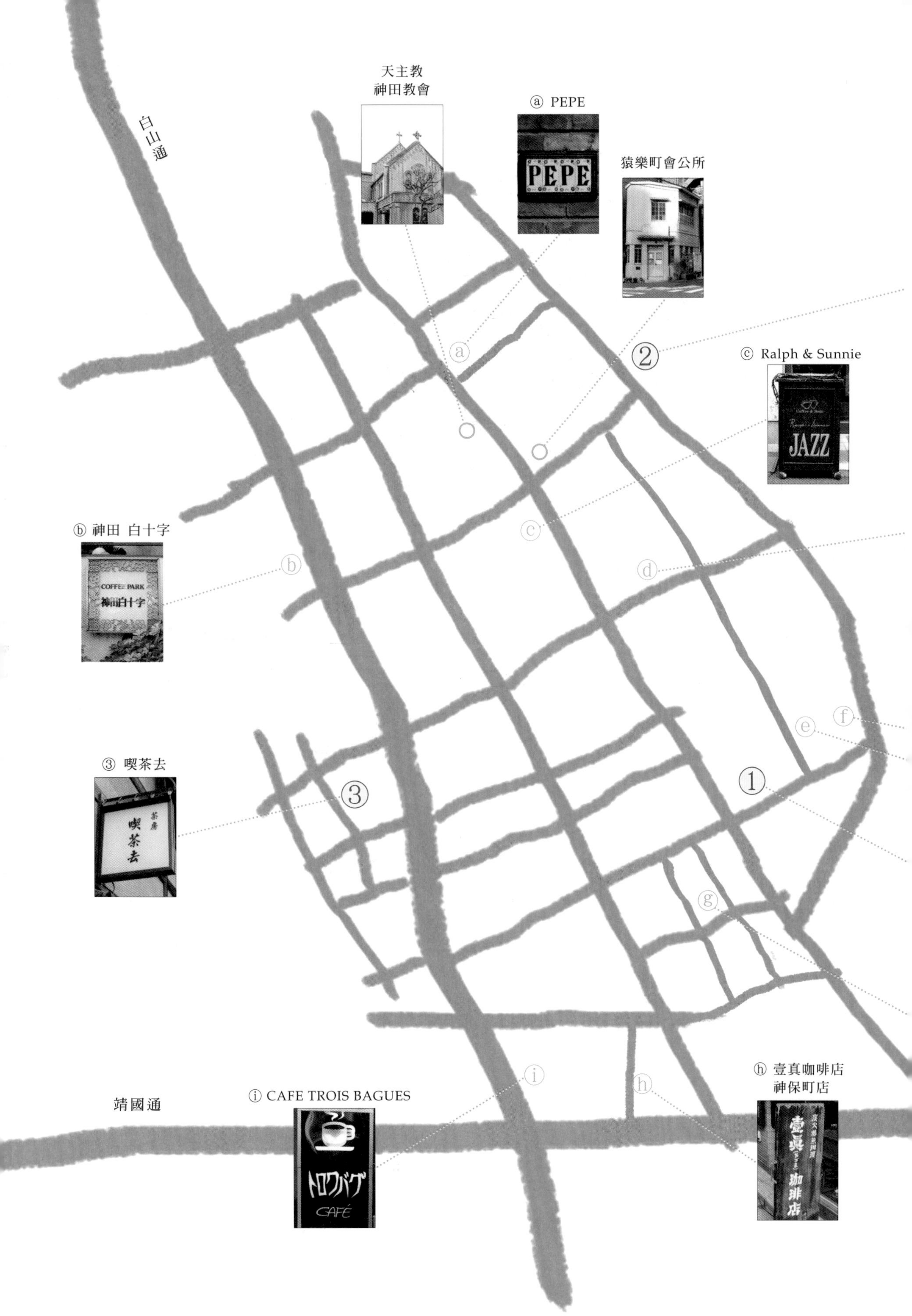

白山通
天主教
神田教會
ⓐ PEPE
PEPE
猿樂町會公所
②
ⓒ Ralph & Sunnie
JAZZ
ⓑ 神田 白十字
COFFEE PARK
神田白十字
③ 喫茶去
喫
茶
去
①
靖國通
ⓘ CAFE TROIS BAGUES
トロワバグ
CAFÉ
ⓗ 壹真咖啡店
神保町店
壹眞
珈琲店

Cafe de Primavera

有一對可愛夫婦會來迎接的，
洋溢沙龍般氣氛的店家。
一踏進店裡，就能感到放鬆的空間。
不論是室內設計或菜單，
連使用的餐具都有老闆夫婦的執著。
想要品嚐美味咖啡和悠悠的短暫時光，
就會自然走進這裡。

Cafe de Primavera
東京都千代田區猿樂町1-3-2
內田大廈一樓
03-3295-7569
公休日：週末及例假日公休
營業時間：週一至週五 10：00～21：00

這是間工作累了或是想一個人放鬆時會去的咖啡店，其實我很不想告訴大家，老闆夫婦也一直拒絕、不想上雜誌，但我還是不停拜託，請他們接受採訪。

拱形的天花板、油漆泛黃的牆壁配上木質地板，牆上掛著畫或裝飾著彩色玻璃、厚實質樸的原木。融合老闆夫婦的嗜好和各式堅持的這個空間，讓人能靜下心來，感覺溫暖。不知不覺就想長時間待在這裡，好好放鬆。

迷漫出歐洲小教會、老酒館或是老洋房裡的沙龍那種氛圍。

坐在吧台，可以看到各種不同形狀和圖樣的杯子。

人氣菜色羅宋湯份量十足，味道溫潤自然。

溫柔的老闆負責外場服務，動作迅速的老闆娘站在吧台裡。

幾乎要蓋住入口的綠色植栽，一進去就像到了另一個世界。

店名中的Primavera，據說是來自希臘神話中的「春天女神」。波提切利的畫中形象為身著花衣裳、提著籃子的就是Primavera。

留著小鬍子的是老闆，白頭髮的是老闆娘，之前位於水道橋，現在也已經搬來這裡30年了。

跟咖啡一起送上來、淋上蜂蜜的香蕉也讓人很喜歡。最受歡迎的羅宋湯和奶油濃湯有媽媽的味道，份量十足。三明治也附沙拉，它的份量也很驚人。

店內使用的杯子個個不同，說不定是老闆娘配合客人的樣子和個性精心挑選的。對於老闆還會記得個人喜歡的咖啡濃度和奶量，也讓我很感動。

Creole

擁有昭和的懷舊風味和氣息。
就像一般民家一樣，位於不太顯眼的地方，
所以常客以鄰居為多。
特長是家庭式經營的居家感。
想吃懷念的拿坡里義大利麵時，就請來試試。
小碗沙拉也充滿家裡的味道。
是連鎖店吃不到的美味。

熱門菜色，拿坡里義大利麵。已附有沙拉，份量十足。

這是離《日日》編輯部最近的咖啡店，雖然位置不大明顯，不過家庭式經營的親切氛圍宛如公司附近的休息室。白色的窗框加上綠色樹木，架子上放著動物擺飾或人偶等，這點也很家庭風。

因為距離很近，經常做為會議室使用，後來也常常待在這裡了。就算待那麼久，店家也從未給臉色看，幫忙加水等，給人一種回老家待在客廳悠哉悠哉的感覺。

這裡的拿坡里義大利麵因為給人昭和懷舊感和印象而非常熱門，咖哩除了飯還有咖哩義大利麵可以選擇，對於想要吃咖哩又想吃義大利麵的人來說，肯定相當中意。

最近，推出了新菜色特製綠咖哩和特製義大利麵，似乎也成為新的熱門菜色。

午餐時間因為會湧入附近的上班族，想悠閒品嚐的人可以避開這段時間。拿坡里義大利麵或咖哩都是全日供應的，下午也吃得到。

冰淇淋汽水是一種一年會想喝一次的飲料，推薦給對這種昭和風情念念不忘的讀者。

老闆夫婦加上兒子和女兒，越來越像在人家家裡，但他們也和客人保持著適當的距離，我覺得很不錯。

這間店附近的道路，不管人車都很少，完全就是間隱於民宅中的店，氣氛沉靜，這是從1980年開始經營到現在的老咖啡店。

窗邊和隔間用的架子上擺放著各式各樣的小物，玻璃或陶瓷的動物和人偶等。

Creole
東京都千代田區猿樂町2-5-2
03-3292-2097
公休日：週末及例假日公休
營業時間：週一至週五 11：00～13：30
17：30～24：00

店內意外的寬闊，可以容納30人左右。

喫茶去

喫茶去
東京都千代田區神田神保町2-24-3
03-6272-9354
營業時間：週一至週五 11：00～20：00
週日及假日 12：00～18：00

在「喫茶去」店門前會遇到的，
是住在這附近，被稱為神保町貓的野貓。
牠們會喝睡蓮盆裡的水。
撥開輕輕搖曳的門簾走進店裡，
音量適中的爵士樂和滿室的咖啡香
就充滿這懷舊的空間等著。
最適合悠閒地待上一陣子。

穿過白山通能抵達的「喫茶去」，應該可以說是想轉換氣氛時會去的地方。雖然只是橫越一條大馬路，距離也很近，卻能有散步的感覺實在很不可思議。

白山通走到底，面向狹小庶民巷弄的日式木造老房子，就是融合爵士樂和咖啡的「喫茶去」。

因為1950年代的建築物，地板有點傾斜，通往二樓的樓梯也相當老舊。

藏身在大樓中間，乍看會以為是普通民宅的日式老房子。

二樓的榻榻米空間，營造出懷舊感的桌袱台不可思議的和爵士樂很契合。

巧克力口味的手作蛋糕，擺盤十分可愛。

窗框裡的障子和紙與桌椅等傢俱也飄散出濃厚的懷舊感，一瞬間像時光倒流回昭和時代呢！二樓另有空間，裡面鋪著榻榻米，可做包廂使用。

「喫茶去」的漢字在禪宗的意思是「歡迎您的到來，請用茶」。

桌上的菜單是有名爵士樂的封套，咖啡有深焙、中焙、淺焙三種的綜合咖啡和單品咖啡。特製蛋糕是老闆媽媽親手製作，生乳酪蛋糕的甜味和綿密程度我非常喜歡。

緊接在神保町粉絲口中的傳說咖啡店「莫札特」和「李白」之後，下個在此處誕生的新傳說應該就是「喫茶去」了。

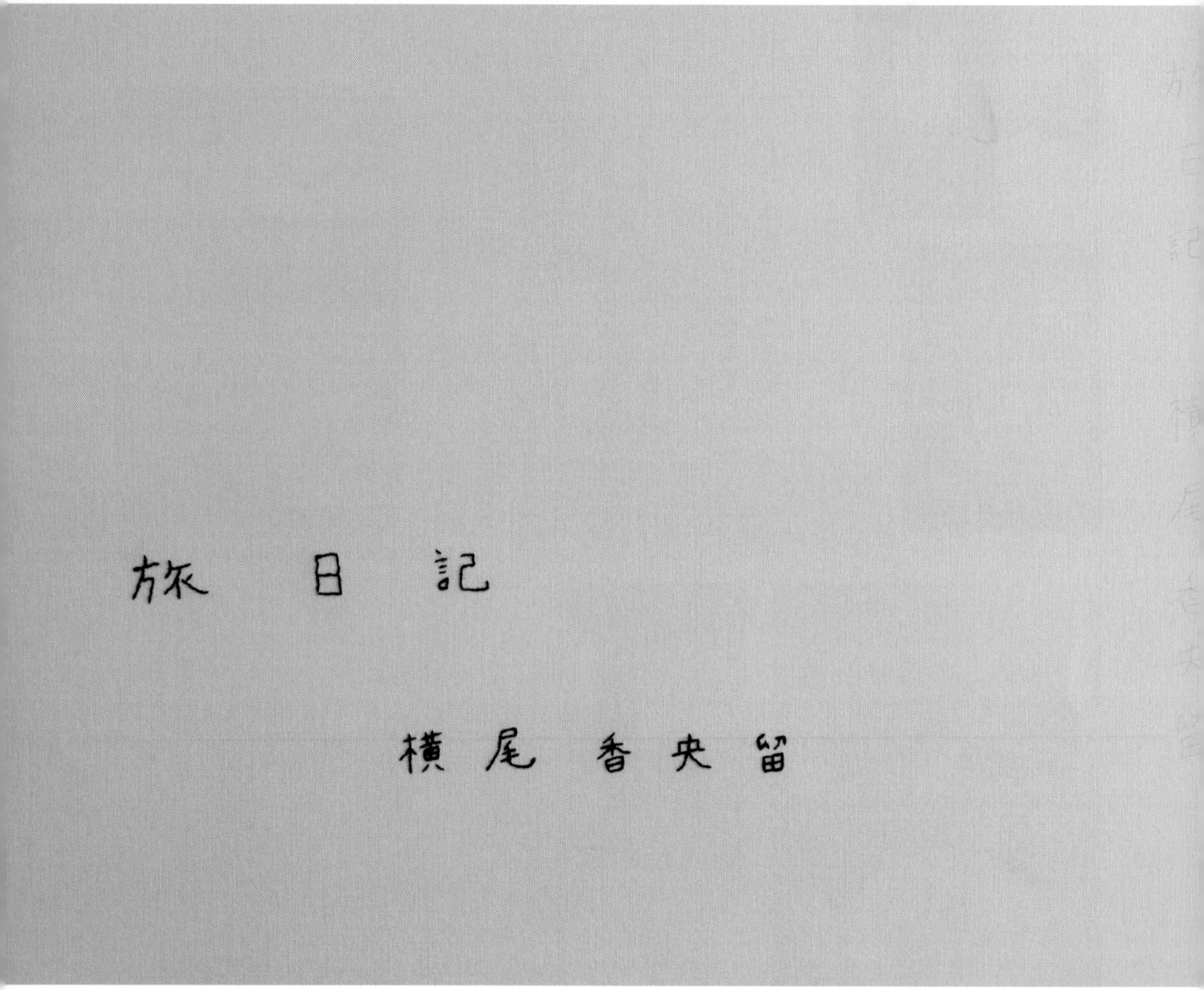

橫尾香央留的刺繡旅行日記

松本・夏威夷・高知・宮城

刺繡・文—橫尾香央留　翻譯—褚炫初

橫尾香央留從事著「修補」這種的獨特創作活動。
這一次，她用刺繡寫下旅行日記。
看起來像插畫、其實是繡在紙張上的圖案。
上面就是從反面看刺繡的樣子。
無論是刺繡或旅行日記，都洋溢著橫尾小姐的品味。

2011/8/23　松本：一個人當天來回的逍遙旅行

收到兩張人家用不完、去松本的回數票也就算了，
偏偏只剩兩天就到期。
明明不喜歡旅行，
不知為何被趕鴨子上路的次數
卻多到令人煩惱。
早晨七點，我搭乘梓號特快列車往松本出發。

「只要吃碗蕎麥麵就好了吧？」
這個目的很輕鬆便達成，
還在麵店附近的懷舊麵包店買了看起來很好吃的麵包。
閑晃了一會兒以後，因為沒特別做功課，
抵達不到三小時，就不知道接著該怎麼辦了。

考慮著索性真的就這麼打道回府……。
還是再加把勁兒
到更遠的安曇野美術館走走看看……。
我杵在車站售票機前雙手抱胸盯著自己的鞋尖
心情來回擺盪在
怕麻煩與浪費可惜之間。

抵達車站。沒有公車。
地圖上寫著搭計程車3分鐘、走路30分鐘。
想想自己不認識路，搭計程車比較妥當
卻因為感覺應該走得到
心情再度因為浪費可惜而騷動起來。
從搭同班車下來的情侶對話當中
發現我們的目的地相同。
於是我對他們提出共乘的提議
這是平常絕對不會做的事
旅行的力量真偉大。

儘管倉促看完展覽
離開美術館以後
還是沒趕上最後一班公車。
雖然不想搭、但是連計程車也不見蹤影。
我問停車場工作人員是否走得回去？
對方說「不至於走不到、但是有段路哦」
既然不至於走不到、於是我邁開腳步。

鄉間小徑，人煙罕至。
只有偶爾從旁駛過的汽車。
走走路不是問題、一點也不孤單。
只是雨啊不要下了……。
停止用鼻子哼歌、我瞪著沉甸甸的天空。
肚子有點兒餓，於是把剛買的麵包拿出來。
牛奶麵包裡潔白鬆軟的奶油夾心
因為餡料包得太多而不好撕開。
為了減少夾心厚度，我伸出食指
挖一點舔一下、挖一點舔一下。
走路與舔奶油的節奏如果對得上、其實很好玩。

在下著小雨的鄉間小路，穿著鮮紅的短袖針織上衣
邊走邊舔著雪白的鮮奶油
手啊嘴啊到處都黏答答32歲那年夏天的回憶。

2011/9/30-10/5　夏威夷：母女慰安旅行

「我要去夏威夷」
明明沒有說笑的意思
此話一出，或多或少的
大家都笑了。

去了以後才知道
我跟夏威夷不合。
無論到哪都無法融入。
儘管如此，我還是喜歡上了夏威夷。

我與母親，第一次兩個人的國外旅行
是在做完父親的七七，諸事暫告一段落那時候
我們計畫只想好好的放輕鬆。
為了實現這個目的
真的什麼都沒有做。
看看海，聽聽浪
讀讀書，打打盹。
第一次這樣旅行。
本來出門寫旅行日記
是回程機上閒得發慌所做的事
結果卻像這樣一行都沒動筆。

只有吃這件事不會忘記。
夏威夷是奶油的天堂。
簡直要把鬆餅淹沒的
大量夏威夷豆奶油。
擠得漂漂亮亮的水果奶油。
連起司蛋糕也不放過
像座小山的鮮奶油。

啊、講到山。我可是一個人
去爬了鑽石頭山。
不吵醒睡得香甜的母親
躡手躡腳在太陽升起前離開房間。

匣門一開放我就同時入山了
結果不小心混進打先鋒的團體
明明不太喜歡爬山
卻氣喘吁吁的以極為快速的腳程
登頂了
在到處都是日本情侶的山頂
被要求幫忙拍合照，快快拍完交差
想著該下山了的時候
窸窸窣窣商量完畢的情侶裡的男性
看來受到女友的慫恿，過來對我說
「方便的話我幫您拍張照吧？」
在男人的肩膀之後，女人輕輕對我點了兩下頭。
「啊、完全不用哦！」
有種受到憐憫的感覺
這是所謂的被害妄想症嗎？

回首鑽石頭山
想起的不是山頂的景色
而是在登山前看見、黎明前的星空。

2011/10/29-11/20　高知：修補一人合宿

「有您的包裹送到」
吃過午飯回到飯店
取鑰匙時櫃台人員這麼對我說
我想起了TATIN的信。
〈救援物資明天會寄到哦〉
腦海瞬間浮現包裹內容物的表格。
TATIN做的是起司蛋糕郵購
它們的發送單恐怕全都
寫滿了「起司蛋糕」吧。
〈從東京來到高知的商務旅館
還讓人把起司蛋糕寄來
每天只有下午一點到三點兩個小時才外出
長期滯留的謎樣女子〉

如果被人這樣想，還真有點難為情啊。
當櫃台小姐走到後面
拿包裹時
有幾秒間我這麼想著。
回到櫃台的小姐
很明顯的忍著笑。
一邊忍、一邊裝作沒事的說
「呃……什麼？這裡寫的是救援物資嗎？」
我想著接過包裹
在印著起司蛋糕字樣的上面
有大大的手寫字跡
寫著「楓葉饅頭」。
昏倒。東西拿了我就往後退
飛快搭上電梯。
還等不及到房間，
頂著羞紅的臉拆開上面二十公分左右的
小小封條。
「我在百貨公司地下樓發現這個的時候
馬上就想到香央留所以買了。
義式小餅乾可是放在商品的最角落呢！」
打開來跟著便條一起的
是好多好多的義式小餅乾
以及兩個手掌大小
有耳朵（有翅膀？）的
楓葉饅頭。

明明中飯才吃了定食
還有甜點是黑豆奶油大福
根本就才吃飽回來
一進房間
馬上嚼起義式小餅乾。
燒水泡紅茶
一邊想著
「該怎麼好呢？」
手已經伸向楓葉饅頭。
很意外地裡頭的餡料，竟然是卡士達奶油！
來到這麼遠的高知，竟然可以吃到
TATIN剛做好的甜點真是開心。
大老遠經過東京、然後來到高知
的楓葉饅頭
也不可思議的比平常還要美味。
「922房的客人！」
「922？哦，『楓葉饅頭』啊？」
如果之後兩三天
我被櫃檯的女孩們取了像是
「楓葉饅頭」、「楓頭」之類的外號
真的很糗。
為了打消
無聊的妄想
我把手再度伸向另一個饅頭。
這次的是王道，紅豆餡。

2011/12/4-5 宮城：編織老師的旅行

10：11我抵達了栗駒高原車站。
這是我第一次來到宮城。
為了幫忙
朋友推動的復興支援計畫而來的。
我構思了三款
支持復興而販售的手環

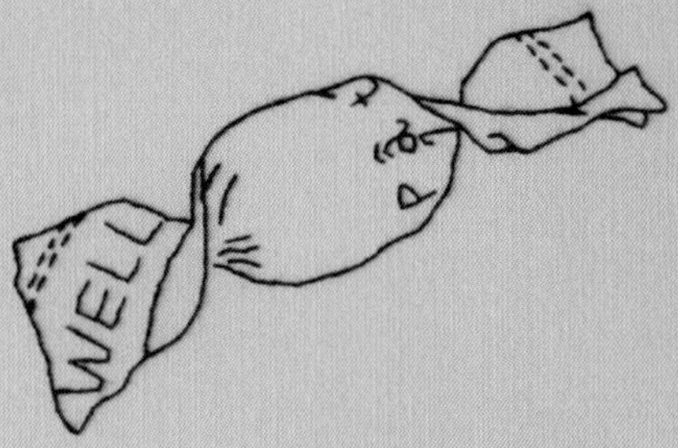

並且要讓住在組合屋的災民來編
我來的目的就是要教會大家。

漸漸地聚集很多人
越來越多
欸……越來越多……。
雖然以活動來看稱得上是高興的哀嚎
但只有一個人教
面對這麼多人潮實在勉強……。
還沒開始我就快哭出來。

我很不擅長教學。
學生時期，曾有人問要不要當老師
我當場馬上回答「絕對不要」。
因為不在行，所以覺得
應該不會碰到這樣的機會
然而在舉辦出版紀念活動或展覽會時
由不得我討厭，還是辦過幾次
工作坊
無論怎麼都無法習慣
開始前總想著要逃。

第一個地方陸前橫山有22個人。
第二個地方南三陸町有8個人。

我捫心自問
這麼說也許有點怪
但手環的設計是驚人的纖細。
雖然也有年輕人，但多數都是跟自己母親一樣
甚至更年長的媽媽們在編著這些細工。
想到此真的很難過。

世界上有多到數不清的手環
如果想要有所不同
不做到這地步便無法讓人看見。
希望她們編得開心的心情
以及希望她們在工作上好好表現的心情。
雖然大家比想像中編得要順手
我還是覺得，心裡很苦。

比平常早一點吃晚餐。
享用了居酒屋美味的味噌青花魚定食
我在強風中
彷彿要把一切都吹走似的跑回旅館。
每天不管怎樣都要吃甜點的我
今天只吃了三顆糖。
不曉得是否因為不慣於當老師
身體比想像中更加疲乏
我的身心湧現前所未有的
對甜食的渴望。

「早知道就帶甜點來……」
儘管知道什麼也沒有
我還是在大衣口袋裡找。
包包到處也被我翻遍了。
連不抱期待的長褲口袋
也要確認看看……啊、有了！
這是出門前看見桌上有牛奶糖
隨手放進來的。
我仔細打開包裝，放進嘴巴。
反芻著今天一整天
還有從三月的那天之後的事情。
剛剛才在車窗外看見
不知道在電視上看過幾次、在那之後的景色。

「原來這麼好吃啊！」
我壓抑著不斷上湧的某種情緒
在舌尖上慢慢的、細細的
小心把牛奶糖翻面，糾結的心情似乎也隨著糖
徐徐融化。

連載──飛田和緒帶你做日本各地的料理⑨

福島縣的阿嬤之味

文──飛田和緒　攝影──廣瀬貴子
翻譯──王淑儀

下飯味噌

這一期也接著跟上期一樣，介紹福島的鄉土料理。這道菜乍看之下不知該怎麼稱呼。「每次去到阿嬤家吃飯，餐桌上一定會有這道小菜，就是在味噌裡拌進炒過的蔬菜這樣簡單，從小吃到大，也不知道它叫什麼！」教我做這道菜的人這麼說，我只好自己為它取個名字，也來試做一次。

■材料（容易製作的分量）

紅蘿蔔……½根
香菇……3大朵
牛蒡……1根
砂糖、味噌……各¾杯左右
芝麻油、沙拉油……各1大匙

①將蔬菜類切成5mm左右的小方塊。
②以芝麻油、沙拉油熱鍋炒①，待所有蔬菜都熟了，依序邊加入砂糖、味噌邊拌炒。
③放在剛煮好的白飯上一塊享用。

滷蘿蔔絲

這雖是道滷菜，卻不只是配飯，也有人拿來當配菜用。帶點甜、會回甘的風味，有點像是滷蘿蔔乾絲。想要拿來下酒的話，最後上桌前加一點蔥絲，更能突顯味道。

■材料（2～3人份）
白蘿蔔……5公分長
紅蘿蔔……5公分長
杏鮑菇……1大支
油豆腐……1塊
高湯……2杯
醬油……3～4大匙
砂糖……1大匙
味醂、酒……各2大匙

①蔬菜全都切成細長條，油豆腐對半切開後再切成細長條。
②將高湯倒入鍋中開火加熱後，加入①的食材與調味料一起煮。
③蓋上烘焙紙做成的蓋子，將滷汁煮至收乾至一半的程度後即完成。

右邊為木作，左邊為漆作的工作室。平常會將鐵門拉下，裡面豎起榻榻米以防寒氣侵襲。

桃居・廣瀨一郎
此刻的關注㉕

探訪 新宮州三的工作室

從砍木材到作品完成的所有工作
全都親手執行的新宮州三，
一直與木頭相處，
感受著木的一呼一吸，
慎重地下刀、進行製作。

文—廣瀨一郎　攝影—日置武晴　翻譯—王淑儀

以木為素材來造形時，可大致分為四種類型。

使用回轉機將木材削成碗狀可做椀或缽的「挽物」；以多塊木板組合而成，可做重箱、折敷（托盤）的「指物」；可做成橢圓形狀便當盒的「曲物」；以及只用刀具，任何形狀都能自由製作的「刳物」等。

熱切地談論著新作朱塗椀的新宮與廣瀨。
桌子中央立著的是新宮所敬愛的木漆藝家榎本勝顏的作品。

這一堆小方斗是接受訂單正在製作中，要用來裝蔥蒜等的香辛料小皿。

當我看到這些從一根木材開始一刀一刀鑿出來，令人聯想到亞洲或是非洲的原始、強勁的椅子或床架，製作者的氣息直接留存的每一個下刀之處，長期使用下來的時間都堆積於其中，令人忍不住想伸手沿著它的形狀摩娑。

這個技法是最不花俏、具有歷史、古老且不論哪個文化圈都有人使用，卻也是最費工、最沒有效率的。因此很難用在製作日常的器物工具上。然而新宮州三卻奮不顧身地選擇撲向這條路。問他為何會做刳物呢？他明快地答道：「我想探索存在我心中的美的原型，那是只有刳物才能刻出的線條、才能做出的造形。」

以指物做角盆時，就得要將一個板跟另一個板正確無誤地組合起來，那是由直線與直角所成立的簡潔世界，當然也很美，然而以刳物來做時，不可能鑿出完美的直線以及近90度的銳角，於是改以像是手指延長的一部分之刀具，邊摸索著木頭的肌理，從其上所存在之無限的線條之中，選出自己認為必要的那一條線。

對於探索著真正想要達到的形狀之創作者而言，這個過程是非常令人緊張且興奮的吧！然而放眼望去，在心中確實存有著「想

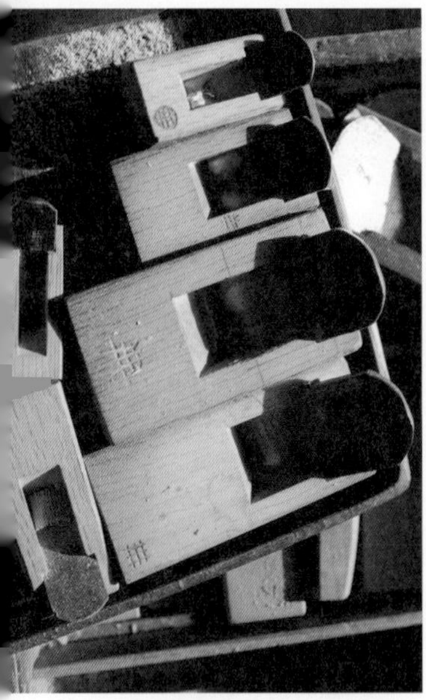

腳用力踩住木頭，從內緣開始刳起。沒有工作時通常也是這樣不穿襪子，「但最近大概是年紀大了，到冬天就還是得把襪子穿上」新宮說。

用來削內側的鉋刀，需要向店家特別訂製所需要的角度、大小，再自己調整。（照片下）鑿刀也有各式不同的尺寸。

以漆塗裝完成的器物，有刳物的托盤、挽物的椀等。

要達到的形狀」之創作者，意外地是少之又少。

我與新宮初次見面是在七年前，那時他推託地說「這只是我的練習作品」，一邊將手上正在鑿出四角的角盆拿給我看。從上俯瞰，四方的側板微妙地膨起，底板則有微微的鑿痕，隨興塗上的黑漆靜謐地形成著一片黑暗。僅看一眼，我就確信「這個人的心中有自己想要達到的形狀」。

在塗裝上他有著獨到的功夫。上了一層錆漆，即混了砥粉的漆之後，再漆上蜜蠟。因為說是塗漆，就只看到那光滑、堅硬的表面，難免令人驚訝。

他通常做到被稱為「下地」的這道工程就會停下來，留下不那麼細緻且無光澤的表情，且不是「為了質感」所做出來的質感，而是為了他要的「形狀」所不可或缺的質感。不論是形狀也好、質感也好，全都不過度，在達到八分時停手，能夠抓到這樣的感覺，我想那是一種才氣。

新宮在京都的大學專攻雕刻，畢業後到輪島的漆藝研修所學習漆塗，他希望從木材成形到上漆塗裝的所有工序都要自己來，於是又去京都拜入刳物師傅的門下，七年之間成為師傅的最佳幫手，一直支援著其工作。

在那七年中，「自己想要的形狀」一點一

新宮州三

Shingu Syuzo

1973年出生於兵庫縣神戶市，自京都精華大學畢業後，進入石川縣立輪島漆藝技術研修所習藝，而後拜京都的木工作家村山明為師，2006年獨立，於宇治市的一間町屋建立工作室。2011年夏天移住到北山杉的產地京都市京北，與漆藝家妻子村山亞矢子相互扶持，一起過著創作的每一天。

在工作室牆上接近天花板的地方裝飾著衣索比亞的木工藝品，此外也張貼著美國搖滾樂手科特．柯本（Kurt Cobain）的海報。

滴地浮現，緩緩地成熟。那過程雖然安靜，但那靜謐之中卻隱含著些微的動能，在裡面暗藏著力量，同時也感受到漸漸有一種讓人想去控制那已飽漲的力量之高張意志存在著。那是所喜歡的古董或是過去的優秀的工藝品都有的共通點，帶給他的重要靈感。

在師傅身邊的七年，對新宮來說不只是七年的工藝技術修練，同時也是七年的眼光修行。不斷反芻自己對美的形狀的定義，同時也讓美感一點一點地蓄積在身體裡面。在與木材接觸、相處的時候，透過手中的鑿刀或鉋刀，將身上積累的能量有技巧地發散出去，換得的是深切的喜悅。當然，在刨削木材成形之時，未必都能依著自己腦中所想像地完成，這狀況經常會有，這時候也只能一切從頭來過，將身體所記住的美的形狀不斷在腦中反芻，這裡還要再刨一刀吧？那裡還多了一鑿刀的量吧……。

去年夏天，新宮心心念念的新家與工作室終於在京都北部的京北鳥居町落成了。這個地方是以北山杉產地而聞名，附近有許多從事林業工作的人，與這些能夠聽得出森林的聲音的專家們相遇，帶來許多新的刺激。新宮在木之精靈帶領之下飛向木工的世界，也許在他的工作室裡，也同樣有木之精靈在呼喚著他。

細緻的手工
與自然的力量創造出的
「動感之美」

以刳物為主要作品來發表的新宮州三這幾年來積極創作挽物。他將還殘留水分的生木材放上回轉機，讓作品在乾燥過程中產生自然的變形，那與刻意的使之歪斜不同，是順應著木頭纖維而自然產生的變形，表現出一種在「靜中的動感之美」。接受此一形態的朱漆彩度會有些降低，形成一種沉穩、低調的色澤。

「朱漆木椀」
■直徑126×高14mm

這是用粗壯的櫸木樹幹橫切而成的木材，刨出的大型深缽。可惜的是它有一處裂開來，以ㄇ型鐵釘固定，但這鐵釘反而顯出這個缽的強而有力。對這個因樹的生命之力而產生的裂痕，在創作者對木頭的敬慕之情下修整好，成為一道美麗的紋路，獻給使用者。木材強勁的生命力與為了鎮住其靈魂而施予的細緻鑿跡，美得令人無法移開眼。

「櫸木刳缽」
■縱310×橫290×高210mm
非賣品

桃居
東京都港區西麻布2-25-13
☎+81-3-3797-4494
週日、週一、例假日公休
http://www.toukyo.com/
廣瀨一郎以個人審美觀選出當代創作者的作品，寬敞的店內空間讓展示品更顯出眾。

公文美和的攝影日記⑲

美味日日

京都的伴手禮

辣味番茄義大利麵

帶著緊張心情享用

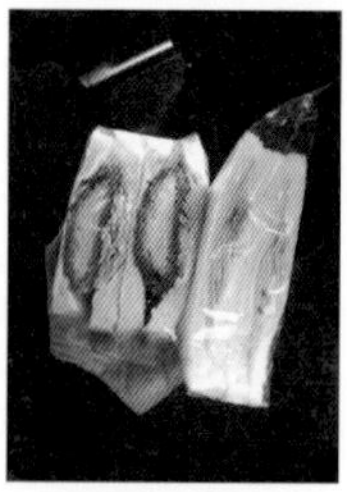
還要再去買

美得不得了的桌子

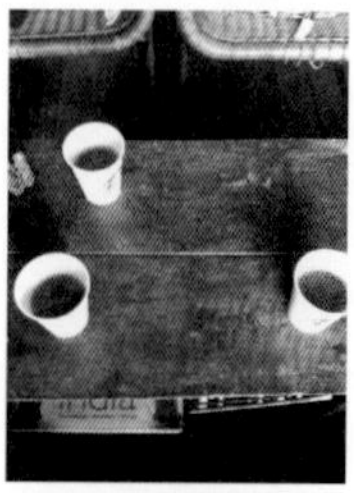
咖啡好好喝

年末的款待

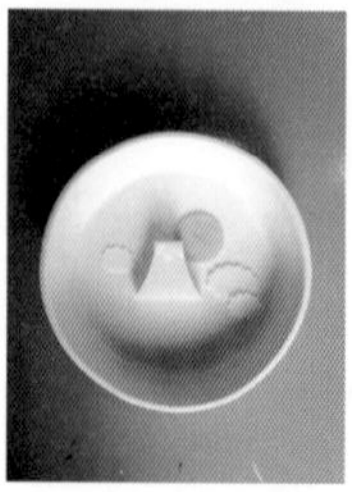
原敬子的富士山

高知傳統餅乾

基本上是晴天女

年末的樂趣

到花卷必吃的東西

今年也請多多指教

對面是maane

打起精神拍照

酥酥脆脆

拍攝便當的午餐

拍攝的漫長等待

一人帶一道菜的宴會

給駕駛的進貢

在SUM BEAM吃早餐

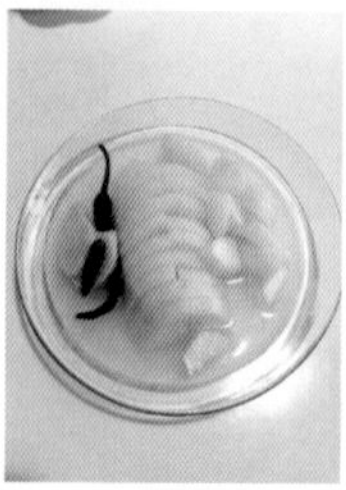
好好看的水泡菜

拍攝的午餐

晴朗的早晨

布丁布丁

造型師的家

要配咖啡還是紅茶呢

南雲的午餐

大極殿

神社

在書店開會

散步的樂趣

日日的拍攝之後

珍惜地吃著

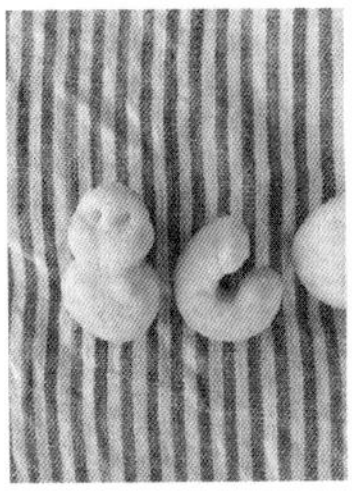
雪人乖乖

小豆粥

意想不到的笑臉

這棵樹很不錯

大成功

絕對很可愛

愛上烤好的顏色

忘記時間

樂陶陶的午餐

看風景的好位子

絕品肉丸

辰年2012

採訪後的喝茶時間

夜晚的散步

冬季的生啤酒

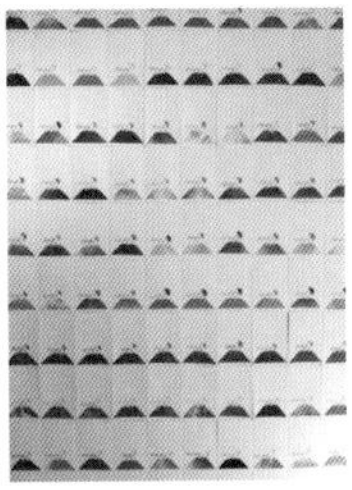
全部都是富士山

等待紅綠燈

初上海蟹

福多和良

對小動物沒有抵抗力

在開會的地點

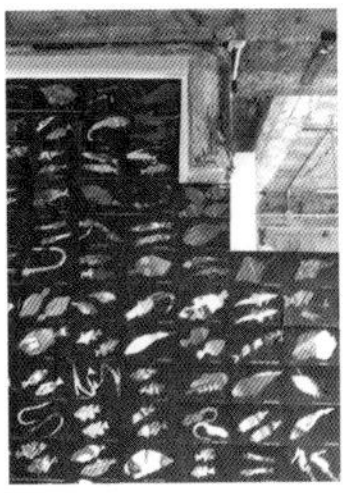
深海魚的剪紙畫

寄宿木

日日・人事物⑱

池上芥菜之旅

文・攝影——34號

海岸山脈的山嵐水氣為池上植物帶來豐沛的微量元素。

台北清晨濕冷的天氣，搭上自強號隨列車向東行，抵達台東時迎接我們的是明朗的晴天。和三個月前一樣的火車班次，一樣雀躍的心情，一樣的目的地。這次多了一些熟悉和更加的期待，因為上次跟著阿嬌老師採金多兒筍的經驗還歷歷在目，雖僅短短兩日，卻學到許多且難忘，愉悅非常。接駁小巴士從池上車站接了我們，便直抵阿嬌老師面對廣闊田野與海岸山脈的小屋，一下車，就見老師帶著一貫豪邁與深深酒窩的笑容迎向我們，啊~我厚顏的說感覺好像回到娘家般的溫暖和安定

像是老友般絮絮叨叨：「哇！三個月前的絲瓜還掛在藤上耶」「院子裡什麼時候養了兩隻雞呢？」「正滿開的洛神花上次沒有耶！」「好香！老師妳在煮什麼？」，老師也獻寶似的給我們這群城市鄉巴佬看，她昨天才現採的新鮮當歸，熬了湯一會兒就是我們的午餐。十二月初的池上涼風習習，小屋前的竹桌上巧意擺上一人一份在地美味：白斬池上土雞、新鮮醃製脆蘿蔔、野生當歸熬湯頭、勁道家常麵、野生山茼蒿以及老師特製的燻豬肉以及XO醬，一頓不需多餘文字形容單純卻又用心的美味。吃飽了，也準備要幹活兒！

慚愧的說，其實在這次芥菜之旅前，芥菜可以醃成酸菜這我懂，但酸菜、福菜、梅乾菜原來全是由芥菜經過含水量不同、日照時間長短不同的處理所成，這完全在我的知識範圍之外。身為一個住台北的城市俗，我以為剛過去的那個夏天跟著阿嬌老師實做冬瓜醬、鳳梨醬與豆腐乳已經是我為了追尋手做美味的極限，沒有想到之後竟然還採了金多兒筍進而手製成筍乾保存，這次更進一步來到池上採芥菜、做酸菜。

清晨由民宿騎車至池上菜市場採買，是除了採芥菜之外最令人期待的。

竹片桌、原木墊、小樹枝做成筷置，阿嬌老師為大家準備的午餐不只美味，
更是風雅野趣。

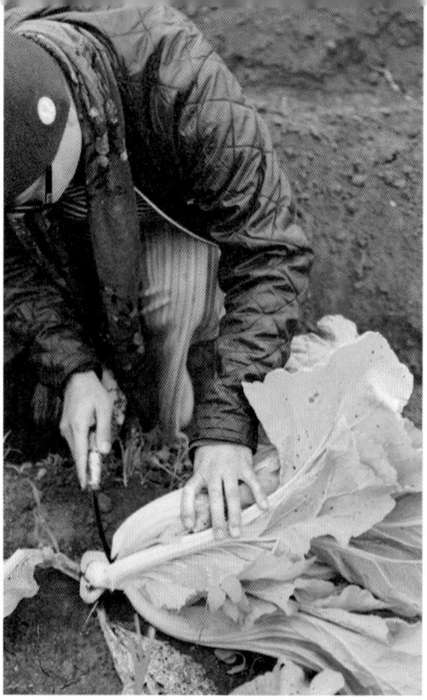

第一次親手割下株株青綠壯碩的芥菜。

採收完成的芥菜在屋前空地曬日頭脫去水分。

以大石頭的重量將搓鹽後的芥菜壓製入味。

有經驗與沒經驗從搓芥菜的手勁與力道即可輕易分辨。

台東如台灣的寶地，狹長地形一面靠海、一面臨著海岸山脈，日夜溫差以及山嵐水汽中所含的微量元素與毫無工業污染的純淨空氣，使得植物生氣盎然保有最自然真實的樣貌與濃郁的滋味，也就是：菜有菜應該的味道，而不是徒有樣貌卻無滋無味。午後雷陣雨之後，穿上長筒雨靴下菜田的我們興奮割下一棵棵壯碩、翠綠的大芥菜，經過隔日一上午的曝曬，脫去些水分後，挽起袖子我們生澀但認真的拿捏著力道，將粗鹽揉進每株芥菜中，接著放入深缸壓上大石頭保存，完成芥菜醃製酸菜的第一步。

28天後，我們收到了寄自池上，親手採摘揉製的酸菜，一開袋子清香撲鼻，和以往菜場上所購的氣味完全是兩回事，竟有種捨不得吃掉的珍惜感。沒有了台東溫暖的陽光，在台北我們按著老師的指示，有風有太陽時拿出去曬、濕冷天氣就在家中除濕乾燥，幾天後一部分完成了客家菜常用的福菜，仔細塞入瓶中保存令時間給予更有深度的風味。部分再經過多日乾燥，需兩手環抱那樣大棵的翠綠芥菜，美味濃縮成手裡一捆捆深棕色的梅乾菜，好不可思議，是自己親手做成！

回想起那天在池上忙完芥菜後，我們上到高台野餐，吃老師親做的炙燒火腿雞肝飯團，沿著玉瓏泉步道散步下山，在山澗泉水畔與野生蕹菜、水田芥、和野薑相遇，認識一樣食材從源頭開始，應該就是這樣。若是有塊地，我多麼願意隨著春夏秋冬時序栽種、收成、製作、保存，與土地交朋友、與時間談感情、與食材培養默契、用雙手與身體去實作體會並傳遞美味，保留食材應有原始風味，而非工業科技下快速大量製成。提到原始風味與非快速大量，就得提提這兩次阿嬌老師領我們逛池上市場的收穫：認識了一攤飼養半年每一隻都重足四斤的放山土雞，黃油遍佈體態壯碩，毫無羶臭異味，那便是給足了時間空間才養得出的美味，說起來好像很簡單，但這不就是對待我們吃入口的食物該有的態度嗎？但也是許多為追求利潤而因此犧牲的。

醃製完成的酸菜經過數日乾燥即成福菜，正等待裝罐封存。

試試小器生活料理教室的阿嬌老師用不同的方式做出好吃的芥菜料理。

令人滿足的芥菜全餐：酸菜肚片湯、福菜蒸肉餅以及白飯殺手橄欖梅乾。

橄欖梅乾

■材料（5人份）

鮮梅乾菜──150公克
醃鹹橄欖──50公克
橄欖油──300毫升
蠔油──30毫升
醬油膏──30毫升
細冰糖──10公克

■做法

① 梅乾菜洗淨擠乾切碎備用。
② 鹹橄欖去籽備用。
③ 冷鍋下橄欖油小火先炒鹹橄欖，再放梅乾菜爆香，依序放入蠔油、醬油膏，最後放冰糖炒到入味即可。若放至隔天再回鍋炒一次會更入味。

難以想像這一捆捆梅乾菜是自己親手做成。

福菜蒸肉餅

■材料（5人份）

福菜──3把
蒜頭──5顆
五花肉（絞碎）──600公克
醬油──50毫升
米酒──50毫升

■做法

① 福菜洗淨剁碎備用。
② 蒜頭剝皮切細末備用。
③ 把福菜加進絞肉裡，放入蒜末、醬油、米酒攪拌均勻，置於碗盤放入電鍋，電鍋內加入一米杯水蒸熟即可。

小器生活
料理教室

打造紮紮實實
的料理功夫

小器生活料理教室
台北市赤峰街23巷7號
02-2552-6812
www.facebook.com/xiaoqicooking

34號的生活隨筆⑰

上海小旅行速記

圖・文—34號

機場接我們去酒店的司機很自豪的一邊開車，一邊指著高架路兩旁霓虹燈閃爍的高樓問我們：「常來上海嗎？上海現在真進步了，是吧！」。可不是啊！就像幾年前買的書，那書中介紹的湯包小攤、上海麵攤好吸引我，幾年過去的現在終於有機會親嚐，竟全和書裡描述的不一樣；不是有了店面、就是擴大成了連鎖企業，也不過就是十年之間。

初冬，天氣尚未太冷，也不是旅遊旺季，機票不貴住宿好訂，索性來個短短的三天上海之旅。距離上次造訪上海又過了七年，前兩次一次是工作，一次是陪長輩，終於這次可以看自己想看、吃自己想吃的上海。想吃和台灣水煎包有些不同的上海生煎、小籠、老麵店、本幫菜，很順利的，一一在幾天散步之中吃到。有的就如想像中美味，如願以償好開心，而與期待有落差的也無妨，完成嘗試才是目的。美不美味都是旅行的回憶，一一打包入腦海。

而這次旅行印象最深的便是曾於１８４５年到１９４３年間，歷時近百年的上海租界區。十多年前第一次去上海，是去出差，客戶安排我們住的是法租界區武康路上類似國營的賓館裡，每天早上，我和同事從賓館散步到位在淮海中路，上海圖書館對面的辦公室工作，那是沿路只覺街巷穢暗、一路走著都會撞見有人穿著睡衣，大剌剌站在大馬路邊刷牙漱口、吐痰的年代。那是餐館服務員看到我們來用餐，會急著說「是台灣人！快換上沒有缺角的碗筷」的年代。那是去辦公室的公廁，還會撞見當地人如廁不關廁所門的年代⋯⋯。如今同個地點，穢暗不再，一切都明亮清淨起來，造型各異、且每一棟都帶著歷史故事的西式老洋房，輪廓清楚展現在夾道的梧桐樹間，初冬梧桐樹落了葉，陽光灑落於蕭瑟美感的枝幹間樹影搖曳，每一條路都是不同的風情萬千。

最後一天陽光大好，可是氣溫卻降到冷得人縮脖子打哆嗦，這樣的冷天，武康路上以法式烘焙著名的FARINE，就算是露天座席仍一位難求，冒著熱氣的咖啡、冷空氣中飄散濃濃烘焙奶油甜香、歐風洋宅，若不是四周的中文，一秒會有在歐洲的錯覺。短短幾日漫步上海，看歷史、看名人故居、鑽小街巷、或在小資咖啡館坐坐，新舊交替、亦中亦西的舊十里洋場對我而言是迷人的。

studio m′ 品牌專門店
小器赤峰28
台北市赤峰街28之3號
02-2555-6969
Macaroni cafe & bakery
台北市羅斯福路三段283巷7弄12號
02-2367-0057
小器生活道具 台中店
台中市大容東街17號
04-2328-8538
©studio m

日々・日文版 no.27

編輯・發行人——高橋良枝
設計——渡部浩美
發行所——株式會社 Atelier Vie
http：//www.iihibi.com/
E-mail：info@iihibi.com
發行日——no.27：2012年4月1日
插畫——田所真理子

日日・中文版 no.22

主編——王筱玲
大藝出版主編——賴譽夫
設計・排版——黃淑華
發行人——江明玉
發行所——大鴻藝術股份有限公司｜大藝出版事業部
台北市103大同區鄭州路87號11樓之2
電話：（02）2559-0510　傳真：（02）2559-0508
E-mail：service@abigart.com
總經銷：高寶書版集團
台北市114內湖區洲子街88號3F
電話：（02）2799-2788　傳真：（02）2799-0909
印刷：韋懋實業有限公司

發行日——2016年2月初版一刷
ISBN 978-986-92325-3-1

日日 / 日日編輯部編著. -- 初版. -- 臺北市 ：
大鴻藝術, 2016.2　48面；19×26公分
ISBN 978-986-92325-3-1（第22冊：平裝）
1.商品 2.臺灣 3.日本
496.1　　105001149

日文版後記

細川亞衣在熊本的料理教室是日式房屋，以前是一層樓的醫院。那裏依照亞衣的品味改建成為既寬廣又很棒的空間。坂村先生的店離亞衣的料理教室不遠，是一個有警察局等很多公家機關所在的區域。這是和以前在西麻布的「SAKUMURA」很像的店。

兩人輪流使用兩個器皿來表演。他們原本就知道要用什麼器皿，但是不知道對方會做出什麼料理和花，彼此都是自由地完成創作。坂村說：「如果受到影響也不好啊。」不愧是身為專家的本事與自負啊！

與橫尾香央留的相遇是去年春天在馬喰町的畫廊。每次去「ART＋EAT」都會去這家位於隔壁的畫廊，那天剛好是橫尾香央留的個展。每一件作品都很獨特而且有趣，在宛如黑色線條描繪出來的刺繡裡，蘊藏著故事般，非常吸引人。那時我就希望能夠請他做刺繡和寫文章，這次終於實現了？

刺繡不只是繡在布上，呈現在紙上的刺繡更顯出橫尾香央留的講究與個性。

《日々》這一期正好滿七年了。下一期是第八年的開始，我想用更悠哉的步調，精煉出每一期的主題。今後也請繼續支持我們。　（高橋）

中文版後記

一月下旬，過了大寒，接近完稿的時候，台灣面臨一股強烈的寒流，許多地方包括台北的陽明山、新店山區，甚至是南投地區聽說都下雪了。位於亞熱帶的台灣，在農曆新年來臨之前，出現下雪的景色，令人驚訝興奮之餘，也為突然的寒冷造成的農漁災害感到心疼。

能夠感受季節的變化，其實是不錯的事。顯現出我們生活無虞、還有餘裕可以把心思從吃飽穿暖轉移到關注周遭的事物。這一期，專欄作者34號除了固定的專欄，也要把她兩天一夜台東採芥菜、醃芥菜之旅，與大家分享。

日文版在這一期邁入第七年，而從日文版第一集開始回溯出版的中文版，今年結束之前就可以追上日文版目前的期數了，或許明年就能夠與日文版同步。希望大家的生活都有《日々》的陪伴。　（王筱玲）

大藝出版Facebook粉絲頁http：//www.facebook.com/abigartpress
日日Facebook粉絲頁 https：//www.facebook.com/hibi2012